百家家规

名人家规家训 故事

品行典范

胡迎建◎编著

朱玉平◎绘画

江西美术出版社

全国百佳出版单位

百家规

名人家规家训故事

中华泱泱大国，经历五千年文明历史。上古时期，黄帝炎帝开创中华文明历史，尧舜禹禅让帝位，凸显炎黄始祖的高尚品德。千百年来形成的中华民族人文纯善的历史典故更是流芳百世，成为今人育人与治国的参照。

古人很早就重视青少年的教育，含有相关内容的诸如《三字经》《弟子规》《小儿语》《童子礼》《孝经》《治家格言》《家诫要言》《增广贤文》《龙文鞭影》等，还有大量的家训、族训，以勉励人们修身、励志，重读书，重操守。古人育人，不但教之以理，更是动之以情，以身作则，故有"燕山窦十郎，教子有义方，灵椿一株老，丹桂五枝芳"的佳话流传至今。古代的读书人以"修身、齐家、治国、平天下"作为实现人生理想的步骤和模式。纵观历代名人，成才者、有作为者、成就大事业者，与他们从小就能刻苦学习，知感恩、讲孝道、明辨是非，意志坚强，毅力超人是分不开的，但同时，与培养他们的严父、贤母、师长也是分不开的。那些格言名诗、典范懿行，激励影响了千百年来的读书人。当今社会走向文化复兴，优秀传统文化对于人才的成长、美德的熏陶，仍能发挥重要作用，有着普遍的教育意义。

本书取材广博，对历代典籍以及古代教本、家训、贤文进行选取、整理、重新撰写，力求有代表性，力求行文的通俗生动。并配有图画，使之鲜活起来，生动可感。

第一卷为格言名诗，分为"孝敬感恩""待人交友""立诚守信"等方面。有先秦时代的孔子、墨子、孟子、荀子之言，有《尚书》《周易》《礼记》《诗经》《吕氏春秋》《左传》中的警句，有屈原《离骚》中的诗句；有汉代《古诗十九首》中的名句，史家司马谈、司马迁和军事家马援的名言，或取自《史记》《汉书》中的格言；有三国时曹操的诗，刘备、诸葛亮的教子书；有西晋道家葛洪、名臣陶侃、羊祜的格言；有东晋大诗人陶渊明的名言，有南北朝时颜之推的家训；有隋朝哲学家王通的格言；有唐代著名诗人王勃、李白、杜甫、孟郊、韩愈、白居易、李商隐、吴兢、皮日休的名句名诗；有宋代古文家、诗人欧阳修、苏轼、王安石、黄庭坚，教育家李觏的名言或名诗句；有学者范纯仁，名臣包拯，理学家邵雍、周敦颐、张载、朱熹、真德秀的学规与家训；有爱国英雄岳飞、文天祥、谢枋得的名言名诗；有金代大学者元好问的名诗、元代戏剧家关汉卿的名言，有明代学者方孝孺、高攀龙、吴麟徵、屠羲英、姚舜牧、吕坤的家训，哲学家王守仁的箴言，政治家于谦的诗，杨继盛的遗言；有清代王夫之的卓识名言，蒋士铨、林则徐的诗句，有孙奇逢、朱柏庐、张履祥、张英、曾国藩的家训家书，谭嗣同的章程、康有为的演说，还有大量取自《增广贤文》《小儿语》《童子礼》《三字经》中的格言；还有现当代史家陈寅恪、一代伟人毛泽东、老革命家陈毅、画家徐悲鸿、作家邓拓的警句名言。这些流传千古的格言名诗、箴规训诫，字字千金，或语重心长，或大义凛然，或激昂慷慨，或如警钟长鸣，体现各自的风骨与鲜明个性，值得铭记、体会、背诵。

第二卷为典范懿行，不仅具体生动地叙写了一个个典型事例、楷范懿行，有利于今日青少年见贤思齐，还有反面的教训，则起到警戒的作用。

孝敬感恩方面，如春秋时代的闵损求父而感化后母、子路借米以奉养双亲、西汉时的缇萦上书救父、东汉时的黄香替父暖被褥、江革背负母亲逃难、三国时的孔融让梨、唐代狄仁杰望云思亲，这些故事千古流传，感人至深，其中有的楷范被列入"二十四孝"中。

立志报国方面，东汉陈蕃志在扫除天下荒芜、范滂登车揽辔、西晋祖逖与刘琨闻鸡起舞、北魏时的花木兰从军、宋代的岳母刺字、现代的钱学森曲折归国等故事，莫不可敬可佩。

为人处世方面，如西晋陶母截发延宾，张英写诗嘱让三尺。廉洁守法方面，有战国时的田母拒金、东汉时的杨震拒贿、管宁割席、陶母封坛退鲊、东晋时的殷洪乔投书石头渚、吴隐之饮贪泉而不贪、隋朝赵轨教子不占便宜、唐代李母退还多送的禄米、宋代包拯祖孙三代廉洁、司马光著书劝子勤俭、江万里作词警诫"要廉勤"、清代姚母试子等故事，他们或为名臣显宦，或为廉臣之母，均能识大义、知是非。

在应对机敏方面，如东汉时的黄琬巧对日食、三国时的钟会巧对出汗、宋代王禹偁助父对诗，体现了古人的机敏与智慧。

在坚贞不屈方面，战国时的鲁仲连义不帝秦、楚汉之争时的王陵母，自刎以坚定其子事汉之心、西汉时的苏武牧羊、东汉时的赵苞义守辽西、唐代"安史之乱"时颜真卿坚贞不屈、张巡坚守睢阳、宋末江万里投止水自尽、文天祥留取丹青照汗青，都是百折不挠、敢于赴汤蹈火的坚贞人物。在除恶驱邪方面，如胡铨上书乞斩秦桧，也是明知山有虎，敢向虎山行的硬汉子，他们以鲜血与生命书写的震古烁今的辉煌史页，可歌可泣。

在节俭为本方面，诸如西晋陶侃惜物、宋代苏轼的房梁挂钱、朱元璋的节俭、周恩来宴客与视察的简朴、雷锋的节约、上至皇帝，下至平民，莫不崇尚节俭，之所以能如此，是因为奢者必败俭能昌。

在拾金不昧方面，如明代的徐恭拾金、当代的龚德银拾金，于此见人的高尚与品节。

在诚信无欺方面，在此列举了正反两方的事例：周幽王失信而国亡，春秋时卞氏抱和氏璧而受屈，曾子杀猪以立诚，西汉季布一诺千金，宋代晏殊以诚应考，元代济阳商人因失信而亡命，明代蔡璘归还亡友钱财。正面的事例体现了为人诚信的优良品质。反之，无信则不立。

两卷涉及的内容丰富，林林总总，故本书取名"百家规"。各种人物身份不同，但大多是嘉言懿行，可供效法，即使有反面的事例，亦让人警觉。当今社会，应在儿童乐园中养成"香九龄，能温席""融四岁，能让梨"的品质；培养青少年温文尔雅、谦卑气质，诚信重义的品德，树立努力向上、为国贡献力量的志向。但愿此书能在当今传统文化的复兴、道德的重建上发挥它的重要作用。

【目录】

卷一·格言名诗

独立思考主我不折果

孝敬感恩

蓼蓼者莪，匪莪伊蒿。哀哀父母，生我劬劳！

蓼蓼者莪，匪莪伊蔚。哀哀父母，生我劳瘁！《诗经·谷风·蓼莪》

孟武伯问孝，子曰："父母惟其疾之忧。"《论语·为政》

且夫孝，始于事亲，中于事君，终于立身。扬名于后世以显父母，此孝之大者。

汉·司马谈《命子迁》

慈母手中钱，游子身上衣。

临行密密缝，意恐迟迟归。

谁言寸草心，报得三春晖！唐·孟郊《游子吟》

以孝悌为本，以忠信为主，以廉洁为先，以诚实为要。明·高攀龙《高氏家训》

毋令长者疑，毋使父母怒。明·吴麟徵《家诫要言》

十月胎恩重，三生报答轻。

尊前慈母在，浪子不觉寒。《劝孝歌》

百善孝为先。

孝当竭力，非徒养生。鸦有反哺之义，羊知跪乳之恩。

父子和而家不败，兄弟和而家不分。

乡党和而争讼息，夫妇和而家道兴。

早把甘旨当奉养，夕阳光景不多时。

妻贤夫祸少，子孝父心宽。以上见清·周希陶增订《增广贤文》

天地之性，人为贵；人之行，莫大于孝，孝莫大于严父。《孝经·圣至章》

爱子心无尽，归家喜及辰。寒衣针线密，家信墨痕新。

见面怜清瘦，呼儿问苦辛。低徊愧人子，不敢叹风尘。清·蒋士铨《岁末到家》

尊师重道

三人行，必有我师焉。择其善者而从之，其不善者而改之。《论语·述而》

学之经，莫速乎好其人，隆礼次之。战国《荀子·劝学》

君子隆师而亲友。战国《荀子·修身》

疾学在于尊师……事师之犹事父也。

尊师则不论其贵贱贫富矣。战国《吕氏春秋·劝学》

明师之恩，诚为过于天地，重于父母多矣。晋·葛洪《勤求》

师者，所以传道、受业、解惑也。人非生而知之者，孰能无惑？惑而不从师，其为惑也，终不解矣……无贵无贱，无长无少，道之所存，师之所存也。唐·韩愈《师说》

善之本在教，教之本在师。宋·李觏《广潜书》

一日之师，终身为父。元·关汉卿语

受业于师，必让年长者居先；序齿而进，受毕肃揖而退。其所受业，或未通晓，当先叩之年长者，不可遽渎问于师。如欲请问，当整衣敛容，离席前告曰："某于某事未明，某书未通，敢请先生有答。"即宜倾耳听受，答毕，复原位。明·屠羲英撰《童子礼》

尊师而重道，爱众而亲仁。清·周希陶增订《增广贤文》

为学莫重于尊师。清·谭嗣同《浏阳算学馆增订章程》

师道既尊，学风自善。清·康有为《政论集·在浙之演说》

关爱同情

仁者爱人，有礼者敬人。爱人者，人恒爱之；敬人者，人恒敬之。《孟子·离娄下》

恻隐之心，仁之端也。羞恶之心，义之端也。《孟子·公孙丑上》

安得广厦千万间，大庇天下寒士俱欢颜，风雨不动安如山！唐·杜甫《茅屋为秋风所破歌》

民吾同胞，物吾与也。宋·张载《西铭》

人有患难不能济，困苦无所诉，贫乏不自存，而其人朴讷怀愧，不能自言于人者，吾虽无余，亦当随力周助。此人纵不能报，亦必知恩。……在今日无感恩之心，在他日无报德之事。正可以不恤不顾待之，岂可割吾之不敢用，以资他人不当用？

宋·袁采《袁氏世范》

与肩挑贸易，毋占便宜；见贫苦亲邻，须加温恤。明·朱柏庐《治家格言》

孤寡极可念者，须勉力周恤。明·吴麟徵《家诫要言》

处富贵地，要矜怜贫贱的痛痒。

肝肠煦若春风，虽囊乏一文，还怜茕独。清·周希陶增订《增广贤文》

待人交友

方以类聚，物以群分。《周易·系辞上》

观其交游，则其贤不肖可察也。《管子·权修》

吾日三省吾身，为人谋而不忠乎？与朋友交而不信乎？传不习乎？《论语·学而》

子曰：乐道人之善，乐多贤友，益矣。乐骄乐，乐佚游，乐宴乐，损矣。《论语·季氏第十六》

君子先择而后交，小人先效而后择。隋·王通《文中子·魏相》

恕己之心恕人，不患不到圣贤地位也。宋·范纯仁《戒子弟言》

谦以下人，和以处众。

待人要宽和，世事要练达。

尔但常以责人之心责己，知有己不知有人，闻人过不闻己过，此祸本也。

人品须从小做起，权宜、苟且、诡随之意多，则一生人品坏矣。以上见明·吴麟徵《家诫要言》

轻听发言，安知非人之谮诉，当忍耐三思；

因事相争。焉知非我之不是，需平心暗思。

人有喜庆，不可生妒忌心；人有祸患，不可生欣幸心。

善欲人知，不是真善，恶恐人知，便是大恶。以上见明·朱柏庐《治家格言》

起居动作，治家节用，待人接物，事事合于矩度，无有乖张，便是圣贤路上人，岂不是至奇？清·张英《聪训斋语》

忠心以存心，敬慎以行己，平恕以接物而已。人情不远，一人可处，则人人可处。

清·张履祥《训子语》

责己之心责人，爱己之心爱人。

宁可人负我，切莫我负人。

毋以己长而形人之短，毋固己拙而忌人之能。

饶人不是痴汉，痴汉不会饶人。

不因群疑而阻独见，勿任己意而废人言。 以上见清·周希陶增订《增广贤文》

崇尚气节

朝闻道，夕死可矣。《论语·里仁》

志士仁人，无求生以害仁，有杀身以成仁。《论语·卫灵公》

穷当益坚，老当益壮。《后汉书·马援传》

鞠躬尽瘁，死而后已。诸葛亮《后出师表》

穷不忘操，贵不忘道。唐·皮日休《六箴序》

人生自古谁无死，留取丹心照汗青。宋·文天祥《过零丁洋》

义高更觉生堪舍，礼重方知死甚轻。宋·谢枋得《初到建宁赋诗一首》

你发愤立志做个君子，则不拘做官不做官，人家都敬重你，故吾要你第一立起志气来。明·杨继盛《杨忠愍公遗笔》

铁肩担道义，辣手著文章。明·杨继盛《大明湖铁公祠楹联》

浩气还太虚，丹心照千古。生平未报国，留作忠魂补。明·杨继盛《就义诗》

粉骨碎身全不怕，要留清白在人间。明·于谦《石灰吟》

苟利国家生死以，岂因祸福避趋之。清·林则徐《赴戍登程口占示家人》

养活一团春意思，撑起两根穷骨头。

重在有豁达光明之识。

凡事非气不举，非刚不济。

"强"字须从"明"字做出，不可屈挠。以上见清·曾国藩《家训》

事业文章，随身消毁，而精神万古不灭；

功名富贵，逐世转移，而气节千载如斯。清·周希陶增订《增广昔时贤文》

独立之精神，自由之思想。民国·陈寅恪《王国维碑铭》

立诚守信

信誓旦旦。《诗·卫风·氓》

修辞立其诚。《周易·乾·文言》

人而无信，不知其可也。《论语·为政》

信近于义，言可复也。恭近于礼，远耻辱也。《论语·学而》

言必信，行必果。《论语·子路》

始吾于人也，听其言而信其行；今吾于人也，听其言而观其行。《论语·公冶长》

信者，诚也。专一不移也。《墨子经》

志不强者智不达，言不信者行不果。《墨子·修身》

失信不立。《左传·襄公二十二年》

我无尔诈，尔无我虞。《左传·宣公十五年》

得黄金百斤，不如得季布一诺。汉·司马迁《史记·季布栾布列传》

恭为德首，慎为行基，愿汝等言则忠信，行则笃敬。无口许人以财，无传不经之谈，无听毁誉之语。闻人之过，耳可得受，口不得宣。思而后动。晋·羊祜《戒子》

一诺许他人，千金双错刀。唐·李白《叙旧赠江阳宰陆调》

诚者，圣人之本。宋·周敦颐《通书·诚上》

名之与实，犹形之与影也。德艺周厚，则名必善焉。北朝·颜之推《颜氏家训》

许人一物，千金不移。

一言既出，驷马难追。

心口如一，童叟无欺。以上见清·周希陶增订《增广贤文》

倡俭戒奢

养心莫善于寡欲。《孟子》

不戚戚于贫贱，不汲汲于富贵。晋·陶渊明《五柳先生传》

为主贪，必丧其国；为臣贪，必亡其身。

若徇私贪浊，非止坏公法、损百姓，纵事未发闻，中心岂不常惧？恐惧既多，亦有因而致死。大丈夫岂得苟贪财物以害及身命，使子孙每怀愧耻耶！以上见唐·吴兢《贞观政要·贪鄙》

著者狼藉俭者安，一凶一吉在眼前。唐·白居易《草茫茫·惩厚葬也》

历览前贤国与家，成由勤俭破由奢。唐·李商隐《咏史》

忧劳可以兴国，逸豫可以亡身。宋·欧阳修《五代史伶官传序》

财能使人贪，色能使人嗜，名能使人矜，势能使人倚。四患既都去，岂在尘埃里？

宋·邵雍《男子吟》

物必先腐也，而后虫生之。宋·苏轼《范增论》

廉者，民之表也；贪者，民之贼也。宋·包拯《乞不用赃吏疏》

文臣不爱钱，武臣不惜死，天下太平矣。《宋史·岳飞传》

俭者，君子之德。世俗以俭为鄙，非远识也。俭则足用，俭则寡求，俭则可以成家，俭则可以立身，俭则可以传子孙。故善处贫者，节食以完衣；不善处贫者，典衣而市食。

宋·倪思《经锄堂杂志》

勤与俭，治生之道也。不勤则寡入，不俭则妄费。寡入而妄费则财匮，财匮则苟取，愚者为寡廉鲜耻之事，黠者入行险侥幸之途。生平行止，于此而丧；祖宗家声，于此而坠，生理绝矣。又况一家之中，有妻有子，不能以勤俭丧表率，而使相趋于贪惰，则自绝其生理，而又绝妻子之生理矣。宋·袁采《袁氏家范》

能吏寻常见，公廉第一难。金·元好问《元遗山集》

生死路甚仄，只在寡欲与否耳。

治家，舍节俭别无可经营。

勤俭作家，保身为上。

毋为财货迷。

俭以养廉。以上见明·吴麟徵《家诫要言》

一日之计在于寅，一年之计在于春，一生之计在于勤。起家的人，未有不始于勤而后渐渐流于荒惰，可惜也。居家之要，在勤俭二字，既勤且俭，尤在忍之一字。明·姚舜牧《药言》

传家两字，曰读与耕。兴家两字，曰俭与勤。安家两字，曰让与忍。防家两字，

曰盗与奸。亡家两字，曰淫与暴。明・吕坤《孝睦房训辞》

廉而洁己，慈以爱民。清・王夫之《读通鉴论》

公生明，廉生威。清・李惺《西沤外集・冰言》

一粥一饭，当思来之不易；半丝半缕，恒念物力维艰。

自奉必须俭约，宴客切勿流连。

器具质而洁，瓦缶胜金玉。

饮食约而精，园蔬愈珍馐。以上见清・朱柏庐《治家格言》

古人之意，全在小处节俭。大处之不足，由于小处之不谨；月计之不足，由于每日之用过多也。清・张英《恒产琐言》

志从肥甘丧，心以淡泊明。

常将有日思无日，莫待无时想有时。

由俭入奢易，由奢入俭难。以上见清・周希陶增订《增广贤文》

不可日趋奢华，应教子侄以勤谦自任。

切戒家中过于奢华。

力戒骄奢，以勤俭为本。

应时时在"俭"字上用功，家中应以勤俭为主。

以勤俭自持，以忠恕教子。

须力行节俭。

由俭入奢易，由奢返俭难。

居家惟崇俭可以长久，要成大器须谨守俭朴。

京师子弟之坏，无有不由于骄奢二字者。尔与诸弟其戒之，至嘱至嘱。

凡世家子弟，衣食起居，无一不与寒士相同，庶可以成大器；若沾染富贵习气，则难望有成。以上见清・曾国藩《家书》

钱财如粪土，仁义值千金。清・周希陶增订《增广贤文》

卷二·典范懿行

孝敬感恩

【闵损求父】

闵损（前536—前487），春秋时期鲁国南武城（今山东平邑）人，字子骞。孔子弟子。比孔子小十五岁，七十二弟子之一。在孔门中以德行与颜渊并称。孔子曾赞扬他说："孝哉，闵子骞。"有"芦衣顺母""鞭打芦花"的故事传唱至今。在孔门中以德行和老成持重著称，而尤其以孝行超群闻名于世，被后人评为"二十四孝"之一。

闵损小的时候，母亲就去世了。其父又娶一妻，并生了两个弟弟，继母渐渐对他不好起来。冬日天气寒冷，她给她亲生的两个儿子制作棉衣御寒，却让闵损穿塞着芦花的衣服。闵损冻得拉车时常掉绊绳。他父亲不了解真情，因此便鞭打他。后来，他父亲终于得知继母虐待他，一怒之下，要赶走继母。这时，闵损却连忙替继母求情，劝父亲道："母在一子寒，母去三子单。"意思是说，后母在这里，只有我一人稍为寒苦点。后母如果离开了，三个儿子就无人照料了。父亲听了，觉得闵损说得有道理，有真情，很是感动，不再撵走他的继母。续母得知闵损之言，终于感悟，对闵损与她两个亲生的儿子一视同仁，成了贤德的慈母。

闵损一番挽留后母的话，非常的凄凉，非常的恳切，又非常的悲戚，一片肺腑之言，连铁石心肠的人听后，都为之声泪俱下。他的性情孝敬、纯洁、淳厚、善良识大体；他的孝行感动了父母，也深得远近之人的赞赏。

作为孔门重要弟子，闵损比较完整地接受了孔子的社会思想和道德观念，同时，由于独特的生活经历与社会地位，使他在实践孔子思想学说的基础上，又形成了自己富有特点的思想、行为方式。他的孝行超群。在孔子门生中，问孝和孝行突出的大有人在，但赢得孔子称赞的，却只有闵损一人。

闵损长大之后，父亲去世，守丧三年未满时，国家又遇战事，便应征从军。艰辛的生活和复杂的社会经历，使闵损深深体味到世事不易，逐渐养成了寡言少语、老成持重的性格。然而只要讲话，就说得很中肯。有一次，鲁国要役使民众翻修仓库，闵损说，修理一下不行吗，为什么一定要大翻修呢？孔子得知此事，感慨道："夫人不言，言必有中。"（《论语·先进》）在跟随孔子学习过程中，闵损也处处表现出成熟和世故。

鞭打芦花随揁求父
田在一子寒
田去三子单

【仲由借米】

仲由是春秋时候鲁国人，字子路。在孔子的弟子中以政事著称，尤其以勇敢闻名。

仲由小的时候家境贫寒，非常节俭，非常孝敬父母。他从小经常吃野菜，他觉得自己吃野菜没关系，但担心父母身体不好，营养不够。

家里没有米，为了让父母吃到米，他要走到百里之外才能买到米，再背着米赶回家里，奉养双亲。百里之外是非常远的路程，也许现在有人也可以做到一次、两次。可是一年四季如此，就极其不易，然而仲由却甘之如饴。为了能让父母吃到米，不论寒风烈日，小小的仲由都不辞辛劳地翻山越岭走到百里之外买米，再背回家。冬天，冰天雪地，天气非常寒冷，仲由顶着鹅毛大雪，踏着河面上的冰，一步一滑地往前走，脚被冻僵了。抱着米袋的双手实在冻得不行，便停下来，放在嘴边暖暖，然后继续赶路。

夏天，烈日炎炎，汗流浃背，仲由都不停下来歇息一会，只是为了能早点回家给父母做可口的饭菜；遇到大雨时，仲由就把米袋藏在自己的衣服里，宁愿淋湿自己也不让大雨淋到米袋；刮风就更不在话下。如此的艰辛，持之以恒，实在是不容易。每当看到父母吃上了香喷喷的米饭，仲由就忘记了疲劳。邻居们都夸仲由是一个勇敢孝顺的好孩子。

后来仲由的父母双双过世，他南下到了楚国。楚王聘他当官，给他很优厚的待遇。一出门就有上百辆的马车跟随，每年给的俸禄非常多。饭菜很丰盛，每天山珍海味不断。过着富足的生活，但他并没有因为物质条件好而感到欢喜，反而时常感叹。他是多么希望父母能在世和他一起过好生活，可是父母已经不在了，即使他想再负米百里之外奉养双亲，都永远不可能了。

汉朝刘向《说苑·建本》："子路（亦称仲由）曰：'负重道远者不择地而休，家贫亲老者不择禄而仕。昔者由事二亲之时，常食藜藿之实（指粗陋的饭菜），而为亲负米百里之外。亲没之后，南游于楚，从车百乘，积粟万钟。累茵而坐，列鼎而食，愿食藜藿为亲负米之时，不可复得也。'"

【缇萦上书救父】

"二十五史"中的第一部通史巨著《史记》，其中记载了缇萦救父的故事。

汉文帝初期，朝廷制定的刑罚相当严厉，除死刑之外还有肉刑，不是刺面削鼻，就是剜膝砍脚。有一次，齐国临淄（今山东省淄博市临淄区）的太仓令淳于意被人诬陷有罪，按法当判肉刑。汉文帝下诏把他逮捕到长安治罪。淳于意没有儿子，只有五个女儿，他见五个女儿柔弱，不由得叹了口气说："只有女儿没有儿子，到了危急时刻就没有用了。"淳于意最幼的女儿缇萦，自幼聪慧，孝敬双亲。听后不由得哭出声来。父亲劝止了她流泪，但她下决心拼死也要将父亲救出。

缇萦跟在逮捕父亲的押差后面，西行千里，风餐露宿，还担心父亲受到押差的侮辱。一直到了首都长安（今西安）。缇萦迫不及待，给汉文帝写了一封信，信中说："我的父亲是齐国的一个小官吏，齐国的百姓全都称赞他为官廉明。如今触犯了法律，当被处以刑罚。我感到很难过，因为我父亲很想悔过自新，但人死了就不能再活，被损毁了的肉体就不能再恢复，即使他想悔过自新都不可能了。因此我愿意把自己没入官家当奴婢，以赎父亲的刑罪，使父亲有个自新的机会。"汉文帝见到这封信后，极为震惊，觉得缇萦小小年纪竟这样懂事，便赦免了淳于意，并且下令废除了肉刑。

缇萦舍身救父得免肉刑的义行，感动汉文帝诏令废除肉刑，揭开了中国法律史上重要的一页，谱写了一曲千古传唱的孝义之歌。这个故事是中国古代故事"二十四孝"之一，有人为了赞扬缇萦，赋诗赞颂：

随父赴京历苦辛，上书意切动机真。

诏书特赦成其孝，又废肉刑惠后人。

缇萦上书救父

【黄香替父暖被褥】

东汉时的黄香，是历史上公认的"孝亲"典范。

黄香小的时候，家中生活很艰苦。在他9岁时，母亲就去世，他非常悲伤。他本就非常孝敬父母，在母亲生病期间，小黄香一直不离左右，守护在病床前。母亲去世后，父亲身体也非常衰弱。他对父亲更加关心、照顾，尽量让父亲少操心。冬夜里，天气特别寒冷，那时，农户家里又没有任何取暖的设备，难以入睡。

有一天，黄香晚上读书时，感到特别冷，捧着书卷的手一会儿就冰凉冰凉的了。他想："这么冷的天气，爸爸一定很冷，他老人家白天干了一天的活，晚上还不能好好地睡觉。"想到这里，小黄香心里忐忑不安。为让父亲少挨冷受冻，他读完书后便悄悄走进父亲的房里，给他铺好被，然后脱了衣服，钻进父亲的被窝里，用自己的体温，温暖了冰冷的被窝之后，才招呼父亲睡下。而且为了让父亲开心，他总是笑嘻嘻的样子。他努力在家中造成一种欢乐的气氛，好让父亲宽心，早日康复。

夏天到了，黄香家低矮的房子显得格外闷热，而且蚊蝇很多。到了晚上，大家都在院里乘凉，尽管每人都不停地摇着手中的蒲扇，可仍不觉得凉快。入夜了，大家也都困了，准备睡觉去了，这时，大家才发现小黄香一直没有在这里。

"香儿，香儿。"父亲忙提高嗓门喊他。"爸爸，我在这儿呢。"说着，黄香从父亲的房中走出来。满头的汗，手里还拿着一把大蒲扇。"你干什么呢，这么热的天气。"爸爸心疼地说。"屋里太热，蚊子又多，我用扇子使劲一扇，蚊虫就跑了，屋子也显得凉快些，您好睡觉。"黄香说。爸爸紧紧地拉住黄香："我的好孩子，可你自己却出了一身汗呀！"以后，黄香为了让父亲休息好，晚饭后，总是拿着扇子，把蚊蝇扇跑，还要扇凉父亲睡觉的床和枕头，使劳累了一天的父亲早些入睡。

黄香用自己的孝敬之心，暖了父亲的心。黄香温席的故事，就这样传开了，小镇上的邻居争相夸奖黄香。太守刘护听到此事后，为了表彰他，写了一首诗。诗曰：

冬月温衾暖，炎天扇枕凉。

儿童知子职，千古一黄香。

黄香长大以后，博通经典，善写文章。京师的人赞扬他道："天下无双，江夏黄香。"汉和帝时，官至尚书令，勤于政务，忧公如家，对贤才多所荐达，后迁魏郡太守，因事免去官职，死于家中。

【孔融让梨】

孔融（153—208），字文举，东汉末文学家，鲁国曲阜人，建安七子之一，孔子二十代孙，孔宙之子。孔融年轻时多次辞谢了州郡的辟举，于灵帝时开始步入仕途。中平初年，为侍御史，与中丞不合，托病辞归。后辟为司空府僚属，拜中军侯，迁虎贲中郎将。献帝初平元年（190），因触忤董卓，转为议郎，出至黄巾军最盛的青州北海郡为相。因颇有政声，时人又称他为"孔北海"。兴平二年（195），刘备表荐他领青州刺史。曹操迁献帝都许昌，孔融先后担任将作大匠、少府、太中大夫等职。由于曹操专权，他与曹操政治上颇有分歧，每多乖忤，在建安十三年（208）被曹操所杀。孔融能诗善文。散文锋利简洁，代表作是《荐祢衡表》。六言诗反映了汉末动乱的现实。原有文集已散佚，明人辑有《孔北海集》。

孔融小时候聪明好学，才思敏捷，妙语如珠，出口成章，大家都夸他是奇童。4岁时，他已能背诵许多诗赋，并且懂得礼节，父母亲非常喜爱他。

有一天，父亲的朋友带了一盘梨子到家中。父亲叫孔融他们七兄弟从最小的小弟开始自己挑，小弟首先挑走了一个最大的，而孔融拣了一个最小的梨子说："我年纪小，应该吃小的梨，剩下的大梨就给哥哥们吧！"父亲听后十分惊奇，又问："那弟弟也比你小啊？"孔融说："因为我是哥哥，弟弟比我小，所以我也应该让着他。"由于孔融的让梨，兄弟间都无什么意见，其乐融融。

孔融让梨的故事，很快传遍了曲阜，并且一直流传下来，成了许多父母教育子女的好例子。《三字经》中的"融四岁，能让梨"，就是出自这个典故。这种尊敬和友爱兄长的道理，是每个人从小就应该知道的。从尊敬友爱兄长开始，培养自己的爱心。要以友善的态度对待他人，就不应该计较个人得失，才会受到别人的尊敬和欢迎，也才会感受到他人的温暖。

融四岁 能让梨

【包拯辞官尽孝】

包拯（999 — 1062），字希仁，庐州合肥（今安徽合肥市）人。父亲包仪，曾任朝散大夫，死后追赠刑部侍郎。包拯少年时便以孝而闻名，性直敦厚。

宋仁宗天圣五年（1027），包拯中进士，当时 28 岁。他起初任大理寺评事，后来出任建昌（今江西永修）知县。他对父母说："儿将远行，不知父母可否同行，看看江南的春色。"父亲说："儿呀，你能为官一方，可要造福一方。可是父母越来越老了，身体又有慢性病拖累，我俩虽然想去，却恐怕都不能出门远行。"包拯听着听着，眼泪滚落下来，念及此行远去，就无法照料父母了。于是他上奏朝廷，说明原因，辞去官职，回家细心照顾父母。

在父母家中，包拯为卧病在床的父亲擦洗背部，洗涤便壶，为之调试羹汤口味，无微不至。他的孝心受到了官吏们的众口称颂。直至几年后，父母相继辞世，包拯这才重新踏入仕途，这也是在乡亲们的苦苦劝说下才去的。后来成为断案分明的名臣，人们尊称为包公。

包公辞官尽孝

【王达忠心护主】

北宋李昙家中的仆人王达,地位虽然低微,却也因为忠诚之行而载入史册,名留后世。

北宋真宗时有个屯田郎中李昙,因儿子妄言事被抓获,李昙则因受连带罪,判处流放岭南。

接到皇上圣旨后,身体本已衰弱至极的李昙,顿时昏倒在地,家中乱成一团,却无人做主,四个仆人纷纷不辞而离去,唯有忠诚的仆人王达表示暂不离开。他慨然表白说:"李昙是我的主人,一向待我恩重如山,而今出了大事,我怎能离开他呢?我应护送他一道到岭南去。"他将李昙扶上床,好语相劝。李昙才慢慢缓过气来。

可是,祸不单行,数天之后,遭受打击的李昙,因气愤、郁闷一时想不开,竟然自缢而死。这时,李昙家中别无他人做主,王达闻讯赶来,又派人叫来自己的母亲,守护李昙的尸体,代为答谢前来吊丧的人。王达本人则为操办丧事出外购置棺木等事而奔忙。数天来,他朝夕哭丧,伤心得如同失去了亲生父亲。为之操办丧事,如同自家事情。左邻右舍,见状无不感动泣下。

立 志 报 国

【陈蕃志在扫除天下荒芜】

陈蕃（？—168），字仲举，汝南平舆人，东汉时名臣。

陈蕃年十五岁时，替父亲送信到郡功曹薛勤那里。一番接谈下来，使薛勤觉察到陈蕃不同于一般少年，第二天便专程走访陈家，向陈蕃的父亲道贺说："您有位儿子了不起，我特地来看望他。"陈蕃的父亲听说后很高兴，唤来还在书房埋头读书的陈蕃，向长辈行礼。

当时陈蕃的家中，庭院颇有些荒芜零乱，未经清理。薛勤便故意问陈蕃："你这年轻的少年，为何不洒水打扫庭院，以接待宾客？"陈蕃回答说："大丈夫应当有扫除天下荒芜的志向，怎么仅局促在一个小小的院子里过日子呢？" 薛勤觉得他颇有抱负，然而为了告诫他处世要踏实，当即反问他："你如果连一间屋宇都不能打扫干净，怎么能扫除天下之污秽呢？"陈蕃无言以对，从此明白了凡事要从小事做起，为了远大的目标，要认真做好眼前的每一件小事。

后来陈蕃被郡守举孝廉，迁为乐安太守，累拜太尉。桓帝死后，窦太后临朝，任命陈蕃为太傅，封高阳侯。与大将军窦武同心协力，共参政事，征用名士贤人。为人讲原则，憎邪恶，高洁之士争归之。汉末士大夫崇尚气节，蔚然成风，与陈蕃的提倡是分不开的。后与大将军窦武谋诛宦官曹节，事泄被害。

百家规 品行典范

三一

【范滂登车揽辔】

> 东汉末期有范滂，字孟博，汝南征羌人。少年即有清操气节，州郡向朝廷举孝廉，推荐他出来做官。

东汉末期，冀州（今河北）一带大饥荒，盗贼群起，可是那些贪官污吏们照样过着糜烂的奢侈生活，对灾民不闻不问，饥民们纷纷起来造反，天下动荡不安。朝廷派范滂为清诏使，前去考察情况。他接到命令，深感责任重大，临行时登上朝廷安排的使者之车，他暗暗地将马辔有力地拉挽在手中，登高四顾，怜悯天下苍生遭遇，慨然立志，一定要肃除乱象，澄清天下。后以"揽辔澄清"谓在乱世有革新政治、安定天下的抱负。

当他到了冀州境内，到处巡访，查明真相，原任太守自知贪赃枉法，难以过关，望风而解下官印、脱下官服逃走了。他不拘一格，举荐人才，既能使众人心服，又能毫无私心；范滂外甥李颂，西平人，被同乡的人所不齿。中常侍唐衡把李颂请托给另一高官宗资，宗资有意让他做小官。范滂却认为他外甥李颂不是合适人选，就把这件事压下不办。

后来范滂又应太尉黄琼征召到他部下做官。皇帝下诏书要太尉、司徒、司空三府下属的主要官员，采访民间疾苦和地方官吏的善恶得失，向朝廷报告。范滂一下子就弹劾了刺史、太守和权门豪绅共二十多人。尚书责备他弹劾的人太多，怀疑他挟有私心，动机不纯。范滂回答说："我所检举的如果不是贪污腐败、奸邪残暴、为害百姓极深的坏人，我怎么会用来玷污我的纸笔呢？现在只因朝堂会集在即，时间急促，所以先检举那些急需检举的人。至于还没有调查清楚的，正在反复核实。我听说，农夫锄了杂草，庄稼必定会茂盛起来；忠臣把奸邪除掉，国家政治就会清明。假如我检举的不符合事实，甘愿当众接受死刑。"后来范滂因党锢之祸获罪时仍一身慷慨，宁愿以死守义，也不肯牵累他人。

范秀揽辔澄清

【 花木兰从军 】

> 南北朝时,北方时常处于动乱状态,游牧民族柔然族不断南下骚扰,史称"五胡乱华"。

花木兰,北魏宋州虞城(今河南商丘市虞城县)人。当时北魏政权规定每家出一名男子到边境地区戍守,但是木兰的父亲年事已高,体弱多病,无法上战场,家中弟弟年龄尚幼,所以,木兰决定替父从军,从此开始了她长达十几年的军旅生活。这一故事最早出现于南北朝时的一首叙事诗《木兰辞》中,最初收录于南朝陈代的《古今乐录》。僧人智匠在《古今乐录》中说:"木兰不知名。"全诗长 300 余字,后经隋唐文人润色。

在《木兰诗》中开头就说明了当时的军情紧急:"可汗大点兵""军书十二卷",而花木兰家中除了年迈的父母,就是年幼的弟弟,衰老的父亲怎能去远征杀敌,可是祖国的召唤义不容辞,面对这双重的考验,木兰挺身而出:"愿为市鞍马,从此替爷征。"花木兰就要出征了,她"东市买骏马,西市买鞍鞯,南市买辔头,北市买长鞭"。她早晨告别爷娘,晚上就宿在了黄河岸边。行军多急迫,军情多紧张,军令如山倒,作为一个少女离开闺阁,投入战场,何异于投入另一个世界。暮色苍茫中,一个女战士枕戈待旦,这是何等荒凉而又悲壮的境界。"黄河流水鸣溅溅""燕山胡骑鸣啾啾。""将军百战死,壮士十年归。"可见战事十分频繁,岁月十分漫长。历经磨难,花木兰回来了。她重视生命的可贵,更加懂得家庭的温暖。她拒绝了天子的赏赐,也不愿在朝为官,将荣华富贵轻轻地抛下。她愿驰千里足,早日还故乡。年迈的父母搀扶着出来迎接她,姐姐理妆相迎,弟弟磨刀霍霍杀猪羊,大家都在高兴地迎接她的归来。日子安定下来,她出远门看望曾一道从军的伙伴,伙伴们大为吃惊,同行十多年,居然不知木兰是一位女郎。

【 岳母刺字 】

抗金英雄岳飞出生不久，黄河决口，滚滚河水把岳家冲得一贫如洗，生活十分艰难。岳飞虽然从小家境贫寒，食不果腹，但他受母亲的严教，性格倔强，为人刚直。

　　岳飞二十三岁时，金人南侵，宋徽宗、钦宗竟被金人俘获，押往东北去了。宋军节节败退。一天，岳母把岳飞叫到跟前，说："现在国难当头，你有何打算？" "到前线杀敌！" 岳母听了儿子的回答，暗中高兴，便吩咐在中堂摆下香案，叫儿子拜过祖宗，然后跪好。岳母说："你今天做得很对。但是将来我死后，担心你一时糊涂，做出些不忠于国家的事来，这不是把你半世英名都毁了吗？所以今天我要在祖宗牌位面前，在你背上刺下'精忠报国'四个字。你能做个忠臣，流芳百世，我就是死也放心了。"说完，岳母提笔在岳飞背上写下了"精忠报国"四个大字，然后手里拿着一根绣花针，顺着墨迹一针一针扎下去。岳飞眼含热泪，拜谢母亲的训子之恩。

　　后来，"精忠报国"四字铭，成为岳飞终生遵奉的信条。每次作战时，岳飞都会想起"精忠报国"四个大字。由于他勇猛善战，取得了很多战役的胜利，立了不少功劳，挽救了南宋半壁江山，名声也传遍了大江南北。

岳母刺字精忠报国

为人处世

【陶母截发延宾】

陶侃（259—334），字士行（或作士衡），江西鄱阳人，东晋大司马。初为县吏，渐至郡守。永嘉五年（311），任武昌太守。建兴元年（313），任荆州刺史。后任荆、江两州刺史，都督八州诸军事。他精勤吏职，卓有功勋，为人称道。陶侃是一代名将，在建立东晋的过程中，在稳定东晋初年动荡不安的政局上，他颇有建树。他出身贫寒，在晋代风云变幻中，竟冲破门阀政治为寒门入仕设置的重重障碍，当上高官，并非偶然，其家教有着重要的影响。

陶侃幼时失去了父亲，家境贫寒。陶母谌氏含辛茹苦，靠纺纱织麻维持生计，供养陶侃读书。陶母时常告诫儿子务必要"使结交胜己"（交朋友要交比自己强的人）。他结交了同郡人范逵，也是一位地方上的名士，地方官府曾向朝廷推举范逵为孝廉。

有一次，范逵乘马带着仆人，来到陶侃家做客，并准备投宿一夜。当时下大雪数天，到处雪积冰封数寸厚，陶侃家几致断炊，四壁空空，一贫如洗，而范逵带来的马与仆人不少。陶母对陶侃说："你尽管到厅前款留客人，我自会想办法。"

陶母到了自己居住的小室，将漂亮的头发下垂到地上，截断后做了一束长长的假发，连忙到街坊上卖钱，然后买来了数斛米。回到家中，煮饭却无柴烧，于是将后边屋柱子砍倒，锯断数节为柴薪。就这样，忙到傍晚，做了一餐丰盛的晚宴，客人无不感到称心如意。范逵知道是陶母所为，既叹其识见，又深感其厚意，对人说："非此母，不生此子。"范逵到了洛阳，向羊晫、顾荣等人大加赞誉。陶母截发延宾之事在乡里传谈，人人以为贤良。官府特为陶母住所立坊，命为"延宾坊"，将屋边之桥命名为"德化桥"，以此彰扬这位贤母。

陶母截发延宾

百家规 品行典范

三九

【陈尧咨父母亲教子待人厚道、重教化】

陈尧咨，字嘉谟，阆州阆中人。文武双全，是一代名臣、书法家。北宋真宗咸平三年（1000）中进士第一，即状元。以龙图阁直学士知永兴军、陕西安抚使，以尚书工部侍郎权知开封府，后历任武信军节度使、知天雄军，卒谥康肃。

陈尧咨在翰林院为翰林学士时，家里有一匹恶马，不可骑，蹄踢嘴咬伤了很多人。有一天，他父亲陈谏议来到马房，没有看到这匹马，便问养马人。养马人回答说："学士已卖给商人了。"谏议马上找到儿子，说："你是朝廷的贵臣，跟随你的人这么多，还是没有办法制服这匹马，一个经年累月在外面跑生意的人能够养这样的马吗？你这是嫁祸给别人了。"他父亲立即叫人把这匹马牵回来并偿还商人原来给的买马的钱，同时告诫家里人要把这匹马养到老死为止，其厚道远可比拟古人。

陈尧咨的母亲也是识大体、明正道的奇女子。陈尧咨擅长射箭，百发百中，世人以为神奇，他自号"小由基"。楚国有一神箭手名叫作养由基。他自荆南任满回来，母亲冯夫人问他："你掌管一州政务，有什么不寻常的表现？"他说："荆南地当交通要道，每当有宴会时，我就表演射箭，以此为乐，坐客无不惊叹。"母亲说："你父亲教导你要以忠孝辅佐国政，现在你不想想如何行推仁义教化，而爱表现一个武夫的技能，你父亲难道是这样教你的吗？"母亲一时气恼，用杖敲碎了他的金鱼佩饰，这一佩饰是他的官阶标志。

陈尧咨父母亲教子

【张英写诗嘱让三尺】

张英（1637—1708），字敦复，一字梦敦，号乐圃，又号倦圃翁，清代安徽桐城人。

据《桐城县志》记载，康熙时期，张英在朝中任文华殿大学士兼礼部尚书，公务十分繁忙。其时，张家与邻居吴家都要建房，吴家占了张家三尺地基，张家人不服，修书一封寄到京城要求宰相张英主持公道。张英阅后回了一封信，上有一诗云：

一纸书来只为墙，让他三尺又何妨。

长城万里今犹在，不见当年秦始皇。

诗人嘱让邻居三尺地，免得争吵不已。后两句意义深刻。当年行暴政的秦始皇下令筑的万里长城仍在，可是秦朝未过多久就灭亡了。

家人见书，非常羞愧，主动在争执线上退让了三尺，下垒建墙。邻居吴氏深受感动，退地三尺，建宅置院，六尺之巷因此而成。

张英后于康熙四十年（1701）以原官致仕，归原籍桐城后，留下《聪训斋语》和《恒产琐言》两部家训。

在安庆，"父子宰相府""五里三进士""隔河两状元"，指的就是张英家庭。张英的儿子是大名鼎鼎的张廷玉，热播的影视剧《康熙大帝》《康熙王朝》和《乾隆王朝》中都有他的身影。张廷玉（1672—1755），康熙年间进士，官至保和殿大学士、军机大臣，乾隆时加太保，为官经历了康、雍、乾三朝，历半个世纪宝刀不老，为两千年封建官场所罕见。他有这样的官场作为，应该说是得益于父辈、祖辈淡泊致远、克己清廉的家风。六尺巷在父辈那里宽了六尺，而在他的心胸中又宽了万丈。

廉洁守法

【杨震以四知拒贿】

东汉时有位著名官员杨震，字伯起，弘农郡华阴人。少年好学，读通史经。诸儒为之语曰："关西孔子杨伯起。"州郡举荐他出来做官，屡辞不肯。后有冠雀衔了三鳣鱼，飞集于讲堂前，都讲获取了鱼之后进言说："蛇鳣是卿大夫服饰之象。共有三条，是三台执法之兆。先生从此可以出来做官。"五十岁时，开始任职于州郡。

　　大将军邓骘听说杨震非常贤明，就向朝廷荐举他为茂才。杨震四次获得升迁，官至荆州刺史，后调任为东莱太守。当他去东莱上任的时候，路过昌邑。昌邑县令王密是他在荆州刺史任内荐举的官员，听说杨震到来，入住馆舍，便等到晚上悄悄去拜访杨震，并携带了十斤金子作为礼物。

　　王密送这样的重礼，一是对杨震过去的荐举表示感谢，二是想通过贿赂请这位老上司以后再多加关照。可是杨震当场拒绝了这份礼物，说："老朋友知道您，您却不知老友的为人，这是为何？"王密说："暮夜没有人知道这件事（收到金子）。"杨震回答说："上天知道，神明知道，你知道，我知道。怎么说没有人知道呢！"王密羞愧地拿着金子回去了。事见《后汉书·卷五十四·杨震传》。"四知"后来多用为廉洁自持，不受非义馈赠。

　　杨震后转任涿郡太守。他本性公正廉洁，不肯接受私下的贿赂。他的子孙常常吃饭没有肉食，出门没有车坐。他的一位老朋友想要让他为子孙置办一些产业，杨震不准许，对他们说："我要让后代被称作清白官吏的子孙，用这种品质来馈赠给他们，不也是很优厚的吗！"

　　元初四年（114），杨震征为太仆，迁太常，后来代刘恺为太尉。他一生刚直讲原则，先公道而后重声名。

【管宁割席】

管宁（158—241），字幼安，北海郡朱虚（今山东省安丘、临朐东南）人。

　　管宁与华歆、邴原并称为"一龙"。年轻时，管宁和华歆一起锄菜园子，掘出了一块金子，管宁如同没见到一样，照常干活；华歆将金子拿到手里看了看，然后扔掉了。管宁和华歆一起同桌读书，门外边传来官员仪仗的一片喧哗声，管宁听而不闻，照样念书，华歆则放下书跑出去看热闹去了。半晌，华歆才回来，想要告诉管宁外面发生了什么，但管宁扭过头去，不理不睬。华歆再一打量，管宁原来已经将坐席以刀割开深痕，以表示他们两人的志趣不同，要和华歆分座。

　　东汉末年天下大乱时，管宁与邴原及王烈等人到辽东避乱。在那里讲解《诗经》《书经》，论祭礼，并做整治威仪，陈明礼让等教化工作，颇受人们爱戴。后来中原渐渐安定，流亡辽东的人们纷纷回乡，唯独管宁仍不打算离开。曹魏几代帝王数次征召管宁，他都没有应命。正始二年（241），管宁病故，时年八十四岁。著有《氏性论》。

【赵轨教儿送还桑葚】

隋朝的赵轨，河南洛阳人。少年即好学不倦，注意约束自己的行为。

　　还是在赵轨未出去做官的时候，有一次，邻居家种的桑树上的果实熟了，一阵狂风吹来，树枝上不少桑葚果摇落，掉入赵轨家中的院子里。赵轨的几个儿子便在地面寻找，每人高兴地拾到了一盘碟。他大喝一声，严令一个也不要吃，并吩咐几个儿子将果实如数送还邻居。并且告诫说："这虽然是小事，我也并非要以此博得什么名声，而是认为若非自己劳动所得，决不能取之于人，你们应该牢牢记住这点。"儿子们低头听了，皆有所悟。

　　赵轨起初仕为周代蔡王的记室，以清苦闻名，迁卫州治中。隋高祖登基后，他转任齐州别驾，以廉洁闻名于世。在州四年，考察政绩连年第一。高祖嘉奖他，赐缎三百匹、米三百石，并征赵轨入朝。父老相送者各挥涕哭别说："您在这里做官，秋毫不取于民，所以不敢以一壶酒相送。您清廉如水，请允许我们送上一杯水请您喝，权且作为饯别之礼吧！"赵轨接受了，一饮而尽。

赵轨教儿送还桑葚

【包拯祖孙三代廉洁守法】

　　宋代名臣包拯，以铁面无私、擅长断案而著名。他廉洁奉公不受礼。嘉祐四年（1058），将逢60寿辰时，他还专门给家人立了拒礼的规矩。他的清正廉明，几乎家喻户晓，妇孺皆知。然包拯子孙仿效先辈，居官清廉，却鲜为人知。

　　包拯治家很严，教子有方。包拯子孙个个都很争气，居官清廉贤明，受到世代好评。有史可考的是：包拯祖孙三代都是克己奉公、廉洁守法、深受老百姓爱戴的清官。

　　包拯长子包繶，授官太常寺太祝，廉洁自律，英年早逝，令人惋惜。

　　包拯次子包绶，历任太常寺太祝、国子监丞、濠州团练判官，后转任潭州通判，在赴任途中去世。包绶不论在何地任何职，都能清苦守节。他任京官时，曾回故里为生母守丧三年，家虽贫，却未带一点公家财物回家。包绶死后，箱箧之内，除了书籍、著述外，别无他物。

　　包拯之孙包永年，曾任咸平县主簿，官至崇阳县令。他廉洁自守，去世后没有一点遗产，连丧事都是亲朋出资办理的。古诗说："官能到贫乃是清"。包永年一生即是如此。后人评道："包拯言传身教，子孙居官清廉。"

　　包拯子孙为何能够做到居官清廉？究其原因，除了后辈子孙自身努力修养外，其中有两个重要原因：一是包拯以身示范的表率作用，影响了后辈子孙；二是包拯留下一则宝贵《家训》，教育了后辈子孙。在《家训》中，给后世子孙立了一条严格的家规：

　　后世子孙仕宦，有犯赃滥者，不得放归本家；亡殁之后，不得葬于大茔之中。不从吾志，非吾子孙。

　　这条家规说的是：包家后世子孙当官，如有贪赃枉法者，开除族籍，不准再回包家；死后也不准葬入包家祖坟。不遵从包拯此训，包拯就不承认他们是自己的子孙。这在封建时代，是十分严厉的家法。包拯还嘱家人请工匠将这则《家训》刻在石碑上，竖立在堂屋东壁。千百年来，百姓一直传颂包拯为清官楷模，称为包公。

包拯祖孙三代廉洁缘于家训

百家规 品行典范

五一

【江万里作词警诫"要廉勤"】

江万里 (1198 — 1275)，字子远，号古心，江西都昌县人。幼年即好读诗书，其父曾亲自为他讲授《易经》。十七岁时就学白鹿洞书院。曾游学南昌东湖书院，其后又入太学上舍，颇有文名。

江万里为官清正廉明，仁民爱物。每有剖露为官心迹之诗句，自誓应廉明公正。此种境界，与其忠孝节义思想一脉相承。作于知吉州时的《水调歌头·寿母》词中云："生日重重见，余闰有新春。为吾母寿富贵，外物总休论。且说家怀旧话，教学也曾菽水，亲意尽欣欣。只此是真乐，乐岂在邦君。吾二老，常说与，要廉勤。庐陵几千万户，休戚嘱儿身。三瑞堂中绿醑，酿就满城和气，端又属人伦。吾亦老吾老，谁不敬其亲。"词的后半阕说到，他的父母双亲常常劝告他要廉洁勤政，嘱咐他要关心庐陵（吉安）人民的忧乐与祸福。

江万里秉性正直，凛凛正气，疾恶如仇，对贪官污吏深恶痛绝。他有一句名言："君子只知有是非，不知有利害！"任监察御史时，曾弹劾林光谦、袁立儒、宣璧、王至、刘械、施逢辰、刘附等人，这些人依仗权势，飞扬跋扈，祸国害民。制敕称万里为"魁礌骨鲠之臣"，"仁者不忧，勇者不惧，极力破权门之死党，奋身主善类之齐盟"。

【田母拒金】

战国中期，齐国齐宣王招揽贤士，得人而治。田稷深得齐宣王信任，拜为相国。

田稷兢兢业业，办事公正。一次，他的属吏送给他百两黄金，田稷几番推辞，最后碍于情面还是收下了。回去后，田稷将它原封不动献给了母亲。

田母一见顿时面露怒容："你为相三年，俸禄从没有这么多，难道是掠取民财、收受贿赂得来的？"田稷低下了头，以实情相告，田母严肃地说："我听说士人严于修己、洁身自爱，不取苟得之物；坦荡磊落，不做诈伪之事。不义之事不存于心，不仁之财不入于家。你肩负着国家的重任，就应处处做出表率。而你却接受下属的贿赂，这是上欺瞒国君，下有负于百姓，实在让我痛心啊！速将金子退回，请朝廷发落吧！"

田稷听了母亲的话，羞愧万分，先将百金如数退还，又立即到朝廷坦陈过错，请求罢相。齐宣王听后，对田母的道德风范称赞不已，他对群臣说："有贤母必有良臣！相母之贤如此，何愁我齐国吏治不清。赦免相国无罪。"并诏令全国学习田母廉洁清正、教子有方的高尚品德。此后，田稷更加严于自律，后来成为齐国一代贤相。

坚贞不屈

【苏武牧羊】

> 苏武（前140—前60），字子卿，杜陵（今陕西西安东南）人，西汉武帝时为郎中。他去世后，汉宣帝将其列为麒麟阁十一功臣之一，彰显其坚贞不降的节操。

汉武帝天汉元年（前100），汉武帝正想出兵打匈奴，匈奴派使者求和，把汉朝的使者都放回来。汉武帝为了答复匈奴的善意表示，派中郎将苏武持旌节，带着副手张胜和随员常惠，出使匈奴。

苏武到了匈奴，送回扣留使者，送上礼物。正等单于写个回信让他回去，没想到就在这个时候，有一个生长在汉朝的匈奴人，叫卫律，在出使匈奴后投靠了匈奴。单于特别重用他，封他为王。卫律有一个部下叫作虞常，对卫律很不满意。他与苏武的副手张胜原来是朋友，就暗地跟张胜商量，想杀了卫律，劫持单于的母亲，逃回中原去。张胜表示同意，没想到虞常的计划没成功，反而被匈奴人逮住了。单于大怒，叫卫律审问虞常，还要严查问出同谋者。苏武本来不知道这件事。到了这时候，张胜怕受到牵连，才告诉苏武。苏武说："事情已经到这个地步，一定会牵连到我。如果让人家审问以后再死，不是更给朝廷丢脸吗？"说罢，就拔出刀来要自杀。张胜和随员常惠眼快，夺去他手里的刀，把他劝住了。虞常受尽种种刑罚，只承认与张胜是朋友，

说过话，拼死也不承认与他同谋。卫律向单于报告，单于大怒，想杀死苏武，被大臣劝阻了，单于又叫卫律去逼迫苏武投降。苏武一听卫律叫他投降，就说："我是汉朝的使者，如果违背了使命，丧失了气节，活下去还有什么脸见人。"又拔出刀来自杀。卫律慌忙把他抱住，苏武的脖子已受了重伤，昏了过去。卫律赶快叫人抢救，苏武才慢慢苏醒过来。单于待苏武伤痊愈了，又想逼苏武投降，派卫律审问虞常，让苏武在旁边听着。卫律先把虞常定了死罪，杀了；接着，又举剑威胁张胜，张胜贪生怕死，投降了。卫律对苏武说："你的副手有罪，你也得连坐。"苏武说："我既没有跟他同谋，又不是他的亲属，为什么要连坐？"卫律又举起剑威胁苏武，苏武不动声色。卫律没法，只好把举起的剑放下来，劝苏武说："我也是不得已才投降匈奴的，单于待我好，封我为王，给我几万名的部下和满山的牛羊，享尽富贵荣华。先生如果能够投降匈奴，明天也跟我一样，何必白白送掉性命呢？"苏武怒气冲冲地站起来，说："卫律！你是汉人的儿子，做了汉朝的臣下。你忘恩负义，背叛了父母，背叛了朝廷，厚颜无耻做了汉奸，还有什么脸来和我说话。我决不会投降，怎么逼我也没有用。"

　　单于把苏武关在地窖里，不给他吃的喝的，想用长期折磨的办法，逼他屈服。这时候正是入冬天气，外面下着鹅毛大雪。苏武忍饥挨饿，渴了，就捧一把雪止渴；饿了，扯了一些皮带、羊皮片啃着充饥。过了几天，居然没有饿死。单于把他送到北海（今

贝加尔湖）边去放羊，还对苏武说："等公羊生了小羊，才放你回去。"公羊怎么会生小羊呢，这不过是说要长期监禁他罢了。

　　苏武到了北海，唯一和他做伴的是那根代表朝廷的旌节。匈奴不给口粮，他就掘野鼠洞里的草根充饥。日子一久，旌节上的穗子全掉了。一直到了汉始元二年（前85），匈奴发生内乱，分为三个国家。新单于没有力量再与汉朝打仗，又打发使者来求和。那时候，汉武帝已崩，昭帝即位。汉昭帝派使者到匈奴去，要单于放回苏武，匈奴谎说苏武已经死了。第二次，汉使者又到匈奴去。苏武的随从常惠还在匈奴，他买通匈奴人，私下和汉使者见面，把苏武在北海牧羊的情况告诉了使者。使者见了单于，严厉责备他说："匈奴既然存心与汉朝和好，不应该欺骗汉朝。我们皇上在御花园射下一只大雁，雁脚上拴着一条绸子，上面写着苏武还活着，你怎么说他死了呢？"单于听了，还以为真的是苏武的忠义感动了飞鸟，连大雁也替他送消息呢。他向使者道歉说："苏武确实是活着，我们把他放回去就是了。"苏武出使的时候，才四十岁，在匈奴受了十九年的折磨，胡须、头发全白了。回到长安的那天，长安的人民都出来迎接他。他们瞧见白胡须、白头发的苏武手里拿着光杆子的旌节，没有一个不受感动，赞他真是个有气节的大丈夫。

【赵苞义守辽西】

赵苞（？—178），字威豪，东汉东武城（今河北清河县东南）人。少年勇武好义，孝顺父母。

赵苞的叔兄赵忠，是个宦官。汉灵帝时，任为中常侍。与张让把持朝政，气焰熏天，贪污腐败，卖官鬻爵。赵苞却认为赵忠的飞黄腾达是赵家的耻辱，断绝与赵忠来往。熹平六年（177），赵苞升任辽西郡太守。次年，派人到家乡去接老母和妻子。不料到了柳城境内，被侵入长城以南到处抢掠的鲜卑骑兵俘获。鲜卑酋长听说赵苞是一孝子，就把赵苞母亲、妻子劫持做人质，去攻打阳乐城。兵临城下，以为指日可待。

赵苞率领两万兵马出了城门，与鲜卑人对阵。鲜卑人押解赵苞母、妻到阵前，威胁赵苞母亲向儿子喊话劝降。赵苞见母亲被绑，不禁啼哭起来，但他突然精神一振，跃马大喊道："妈！我本来想当官挣点俸禄孝敬您，想不到反招祸害。我现在是官员，守土有责，不能只顾母子私情而坏了忠义。"母亲用绢揩着涌流的涕泪，也挺起胸脯，大喊道："儿子威豪啊！你不能因为母子私情而坏了忠义节操，你努力吧！"

话音刚落，赵苞下令进攻。鲜卑军队原以为他会为母亲活命而降，没有准备打仗，经赵苞率军冲杀，大败后退。在溃逃路上，杀了赵苞母与妻子。赵苞后来护送母、妻棺归葬故里，然后对乡亲们说："食俸禄的官员如果为私利而逃避职守不算忠，牺牲母亲而保全忠义节操不算孝。忠孝不能两全，母亲为我而死，我还有何面目苟且于世？"不几天，竟然呕血而死。

【颜真卿坚贞不屈】

颜真卿(709—785)，字清臣，京兆万年（今归入陕西西安市）人，祖籍琅邪临沂（在今山东）。开元年间中进士，登甲科，曾四次被任命为监察御史，迁殿中侍御史。为人刚正不阿，为权相杨国忠所排斥，出任平原郡（今山东省德州市陵县）太守。

天宝十四年（755），安禄山叛乱，河朔（今华北）等地均被攻陷，独有颜真卿率军在平原城坚守不降。颜真卿联络各地起兵反抗，十七郡人马起而响应，他被推为盟主，合兵三十万，牵制安禄山的东翼，致使叛军不敢急攻潼关。后来肃宗即位，拜颜真卿为太子太师，封鲁郡公，因此人称"颜鲁公"。

德宗建中四年（783），淮西李希烈兵叛朝廷，攻陷汝州（今河南临汝）。宰相卢杞嫉恨颜真卿，向德宗建议派他去招抚李希烈，说："颜真卿是三朝旧臣，忠直刚决，名重海内，人所信服，派他去劝降，是合适不过的人选。"这是有意将他送往虎口。颜真卿至汝州，宣读皇上诏书，竟被叛军团团包围扣押起来。

李希烈欣赏颜真卿的骨气与才华，将颜真卿带入驿馆，逼迫颜真卿代己向皇上申辩是因冤而反，颜真卿不从。李希烈再派前汝州别驾李元平劝颜真卿投降，颜真卿反而斥责李元平。李希烈攻陷汴州，任命颜真卿担任宰相，颜真卿坚辞不受。李希烈派士兵在院中挖一大坑，扬言活埋他，颜真卿反而说："生死已定，何必如此多端设法侮辱我！"李希烈无他法，只得将他囚于蔡州龙兴寺，又用稻草燃火威胁颜真卿，扬言要烧死他。颜真卿反而自己扑向烈火，被手下人辛景臻急忙拉住。李希烈用尽各种办法，都不能使颜真卿屈服。颜真卿估计自己逃不了一死，乃作呈上皇帝的遗表，又为自己写了墓志、祭文，以示必死之决心。

不久唐军反败为胜。李希烈之弟李希倩被唐廷处死。李希烈大为恼怒，将颜真卿缢死于龙兴寺柏树下，终年七十六岁。叛乱平定后，颜真卿的灵柩被护送回京，葬于京兆万年颜氏祖坟地。

颜真卿坚贞不屈

【张巡大义凛然】

> 张巡，邓州南阳人，坚贞不屈的一代名将。

　　天宝年间，节度使安禄山叛乱。危亡之际，张巡起兵讨贼，率领二三千人的军队守孤城雍丘（今河南杞县）。安禄山派降将令狐潮率四万人马围攻雍丘城。敌众我寡，张巡虽取得几次突击出城袭击的小胜，但无奈城中箭支越来越少，赶造不及，很难抵挡敌军攻城。张巡想起三国时诸葛亮草船借箭的故事，心生一计，急命军中搜集秸草，扎成千余个草人，将草人披上黑衣，夜晚用绳子慢慢往城下吊。

　　夜幕之中，令狐潮以为张巡又要乘夜出兵偷袭，急命部队万箭齐发，急如骤雨。张巡轻而易举获敌箭数十万支。天明后，令狐潮知已中计，气急败坏，后悔不迭。第二天夜晚，张巡又从城上往下吊草人。贼众见状，哈哈大笑，张巡见敌人已被麻痹，就迅速吊下五百名勇士，敌兵仍不在意。五百勇士在夜幕掩护下，迅速潜入敌营，打得令狐潮措手不及，营中大乱。张巡趁此机会，率部冲出城来，杀得敌军大败而逃，损兵折将，只得退守陈留（今开封东南）。张巡巧用无中生有之计保住了雍丘城。

　　张巡率众转移至睢阳（在今河南商丘市南），与太守许远会合共同抗敌。许远认为自己才干不足，把军政指挥大权拜托给张巡，自己甘愿做后勤。每次敌人攻城，张巡常用奇谋击退敌人。敌人猛烈进攻，有时一天二十来次，张巡勇敢迎战，毫不惧怕，也毫无疲倦的神色。后来，睢阳城被安禄山的部将尹子奇以十几万之众团团围住，而张巡只有三千兵，援军既不见到来，军粮也快要吃光，形势十分危急。他派裨将南霁云突围而去，向临淮太守贺兰进明告急。贺兰进明忌妒张巡的声威，坐视不救。睢阳一连几月没法解围，敌人威胁利诱，劝张巡投降，张巡始终不肯屈服，并且接连打退了敌人无数次的进攻。最后，城内一切可以吃的东西都吃光了，张巡就叫士兵们捉麻雀、掘老鼠来充饥。固守数月，救兵不至，寡不敌众，睢阳终被攻破。

　　张巡被押至敌将尹子奇处，尹子奇劝他投降，他怒目而视，大骂不止。切齿之恨，以致把牙齿全都咬碎。尹子奇竟用大刀撬开他嘴巴来看，果然全口只剩下两三个牙齿，血流如注，仍大骂逆贼不止。

　　由于张巡坚守睢阳，使唐朝廷赢得了时间组织大军反攻，最终平定了"安史之乱"，其功光耀日月，名垂千秋。

名人家规家训故事

张巡大义凛然

百家规 品行典范

六五

【江万里投止水自尽】

宋理宗宝庆二年(1226)，江万里二十九岁时考中进士。历任吉州知州，隆兴知府，江西转运判官，知太平州，福建安抚使。调入朝廷，历任著作佐郎、侍讲、监察御史、吏部尚书、资政殿学士、端明殿学士、同签书枢密院事等职。宋度宗时两次出任参知政事。

南宋存亡之秋，主战还是求和，朝廷内存在两派。江万里是抗战派的代表之一，早在淳祐五年(1245)，为了抵御蒙古兵进攻，他不顾投降派反对，说服理宗，任用抗战派将领赵葵主持兵事。在他们的努力下，岌岌可危的南宋王朝一时又有了振作的气象。五年后赵葵罢相，保守派又占了上风，南宋的危机日甚一日。

度宗咸淳三年(1267)，蒙古大汗忽必烈发兵进攻南宋，攻打在汉水旁的军事重镇襄阳。咸淳五年(1269)春，蒙军围攻汉水北岸的樊城，以开辟进取襄阳的通道。襄樊军民奋力御敌，苦守二城，与蒙军相持数年之久。江万里屡次请求朝廷增兵前往救援，但权臣贾似道置之不理，反而唆使人弹劾江万里。万里无力回天，咸淳六年(1270)辞左丞相之职。咸淳九年(1273)四月，朝廷下诏任他为湖南安抚大使，知潭州。

咸淳九年(1273)，襄阳陷落。次年，江万里辞职寓居饶州芝山(在今鄱阳县城北)，开凿池塘，建有一亭，匾额"止水"两字，无人知道寓意。德祐元年(1275)，元军水陆并进，渡长江，攻破饶州。知州唐震殉难，通判万道同投降。危难之时，江万里镇定自若，从容坐守，以慰百姓不至慌张。蒙古兵入其宅，他才起身离座，与弟子陈伟器诀别，哭着说："大势不可挽回，我虽然不在位，但应与国共存亡。"说完后，便带着甥、侄与孙相继投入止水中，一时积尸如叠。他的胞弟，知南剑州江万顷与侄儿江铎一道，自都昌至饶州来看望他，也被蒙古军抓获，二人大骂不屈，被肢解而死。

【文天祥留取丹心照汗青】

> 文天祥，字宋瑞，自号文山，江西吉安县人。抗元民族英雄。

文天祥二十岁考取进士，在集英殿以"法天不息"为题议论策对，洋洋万言。理宗亲选他为第一名。考官王应麟上奏说："此试卷以古代事情作为借鉴，忠心肝胆好似铁石，这样的人才可喜可贺。"

文天祥入朝为官，正逢蒙军南侵，他主张坚守反击。德祐二年（1276）朝廷任他为右丞相兼枢密使，作为使臣与敌军谈判，被扣押了。他带领众人于夜间逃出，后整军再起。景炎二年（1277）兵败撤退入岭南，被敌军抓获。敌军将领张弘范要他写信招降张世杰。文天祥说："我不能保卫父母，还教别人叛离父母，可以吗？"于是书写《过零丁洋》诗出示给他们。诗中说："人生自古谁无死，留取丹心照汗青。"宋残军在厓山战败，张弘范说："丞相忠心孝义都尽到了，若能改变态度像侍奉宋朝那样侍奉大元皇上，将不会失去宰相位置。"文天祥说："国亡不能救，作为臣子，死有余罪，怎敢怀二心苟且偷生呢？"张弘范派人押送文天祥至元大都燕京。在狱中三年仍誓死不降，后上刑场被处死。几天后，他的妻子欧阳氏收拾尸体，但见面部如生。衣服中有赞文说："孔子说成仁，孟子说取义，只有忠义至尽，就做到了仁。自今以后，问心无愧。"

文天祥百折不挠，直至就义，以他的行为诠释了"舍生取义"的格言。他在狱中所作的《正气歌》中说："天地有正气，杂然赋流形。下则为河岳，上则为日星。于人曰浩然，沛乎塞苍冥。"又说："时穷节乃见，一一垂丹青。"诗中列举苏子卿、鲁仲连等，都是置生死于度外的人物。

文天祥留取丹
青照汗青

百家规 品行典范

六九

节俭为本

【陶侃惜物】

陶侃镇守荆州时，重视社会秩序的稳定和农业生产的发展。荆州大饥，百姓多半饿死。陶侃下令在秋熟时收购粮食，至来年春季饥荒时减价出卖，救济百姓。他鼓励农民勤于耕作。平日无战事时，他还劝士兵们从事农耕。有人送来物品，他都要问其所由来，如果是凭自己劳动所得，则给予奖励安慰；若得来不正当，则呵斥并命令归还。是以军民都勤于垦地耕作，家家生活宽裕，人人丰衣足食。"自南陵迄于白帝数千里中，路不拾遗。"

陶侃素性勤俭，爱惜粮食。有一次，他外出巡查农事时，看到有一人手拿着一把未成熟的稻穗在闲逛。陶侃责问他："你为什么采这稻穗呢？"那人说："我走在路上看见稻田，姑且采来一把玩玩而已。"陶侃非常生气地说："你既然不种田，为何还要随意戏弄别人的庄稼！"便将那人抓起来，痛打一顿才放他走了。

陶侃担任荆州刺史时，命令督造船只的官员收藏全部锯下来的木屑，不限多少，命专人记录保管，不许丢失，起初他们都不明白这样做的意图。后来在来年初一众僚吏集会时，恰遇上很长时间下雪刚开始放晴，衙署的台阶下雪后还是湿的，陶侃令人用木屑铺盖一层，走在上面，毫无妨碍。

凡是公家用竹，陶侃都要命令部下，把锯下的竹头收集起来，堆积如山。后来桓温征伐四川，修造船只时，用竹头来做竹钉。陶公曾就地征用竹篙，有一官吏把竹子连根拔出，用根部来代替镶嵌的铁箍。他就让这个官吏连升两级，加以重用。这些废物全都派上用场。

陶侃惜物

【 苏轼房梁挂钱 】

元丰三年（1080），苏轼被降职贬官来到黄州任团练使，这是训练民兵的一份闲职。由于薪俸减少了许多，度日艰难，后来在朋友的帮助下，得到住地东面坡地的一块菜地，便自己耕种起来，并因此自号东坡居士。

旷达的苏东坡，面对人生逆境，毫不气馁，其时所作《定风波》中云："竹杖芒鞋轻胜马，谁怕。"写词人竹杖芒鞋，顶风冲雨，从容前行，以"轻胜马"的自我感受，传达出一种搏击风雨、笑傲人生的轻松、喜悦和豪迈之情。"一蓑烟雨任平生"，此句更进一步，由眼前风雨推及整个人生，有力地强化了作者面对人生的风风雨雨而我行我素、不畏坎坷的超然情怀。

为了迎接命运的挑战，他不乱花一文钱，实行计划开支。有一次半夜，他辗转在床，苦苦思索如何度日。忽然想到有办法了，立刻起身，点燃了小油灯，摊开旧纸仔细地计算。他把所有的俸禄钱算出来，然后平均分成12份，每月用一份；每份中又平均分成30小份，每天只用一小份。钱全部分好后，按份挂在房梁上，每天清晨取下一包，作为全天生活开支。拿到一小份钱后，他还要仔细权衡，能不买的东西坚决不买，只准剩余，不准超支。积攒下来的钱，苏东坡把它们存在一个竹筒里，以备意外之需。

苏轼房梁挂钱

【雷锋的节约精神】

20世纪60年代，毛泽东主席曾发出号召：“向雷锋同志学习。”雷锋一生并未做过什么惊天动地的大事，他是在平凡中见卓越，节约精神便是其人品表现的一方面。

　　雷锋参军前已经当师傅带徒弟了，每个月工资有36元，加上补贴可以拿到45元，但他在生活中处处注意节约。参军后，每月领到的津贴费，除了交团费，买书等必需的生活日用品外，其余的全部存入了储蓄所。战士每个月补贴是6元，他只花5毛钱交团费和理发，存下来5元5角。搪瓷脸盆和漱口杯有许多疤痕，也不愿意丢掉另买。

　　他做了个针线包，不仅为自己的破衣打补丁，还为战友们缝补点衣物，钉纽扣。他的内衣也补了许多补丁，一双破袜子穿了三年，补了又补，变得面目全非了，还舍不得买双新的。部队发夏装时，按规定每人可领两套单军装、两件衬衣、两双鞋，而雷锋却只领一份，说是“够穿了”。

名人 家规家训 故事

雷锋的节约精神

百家规 品行典范

拾金不昧

【徐恭拾金】

> 有个成语是"路不拾遗"，意思是说，路上没有人把别人丢失的东西捡走。形容社会风气好。西汉贾谊在《新书·先醒》中说："路不拾遗，国无狱讼。"人们希望有好的社会风气，这样的风气，又有待于每一个人的素质提高。

明代博野县淋漓村有一位徐恭，灌园种菜为生。有一次，有一客人背负皮袋，在园树之荫处休憩，大汗淋漓，索要泉水痛饮。清凉了些，便急忙离开，却将皮袋遗失在这里。走了二十里路，才返回而号啕大哭说："我皮袋中有官金三百，未料到失去了，即使是捐躯卖妻，也赔偿不起啊！"徐恭将所有黄金交还给他。客人大喜过望，愿意分割其半来酬谢他，徐恭坚辞不受。客人再拜而说："愿徐氏世有贤子孙。"

还有一次，徐恭到县城去，在客店里偶然拾到了一位客商丢失的银两，他就在原地等候失主，但没有等到。第二天，徐恭又到那家客店去等候失主时，店主人却因失主所告已被官府抓去了。徐恭立即赶到县衙，向失主还金，救出了店主人。店主叩头拜谢说："不是您，我就死无其所了！"

徐恭拾金

百家规 品行典范

七七

【龚德银拾金】

　　龚德银是一位朴实的陕西农民工，他为大商场做清洁，报酬并不高，但他抱着只要衣食足、能过日子就行的心态，过得踏实坦然。

　　2002 年的西安秋季商品交易会，龚德银与妻子忙忙碌碌了几天，在西安糖酒会会场清理垃圾时，拾到一个装有大量现金和存折的密码包。两人按包中名片上的电话与身在外地的失主取得联系后，对方却因害怕是骗局，让他把钱送到四川某城市，并向警方报了警。

　　龚德银本来不想去，工作太忙，但他转念一想，失主损失太大，必定万分焦急，且对他的业务开展不利。于是向单位请了几天假，乘火车到四川某城市。下车后，在双方约好的广场碰面时，广场已经被对方报警后赶来的便衣警察严密布控。待到两人见面后，龚德银面带憨厚的微笑，已使失主放下心来。当他听到龚德银叙述拾到物件的全过程，不禁被这位毫无私念的农民工深深感动了，连声说："都怪我疏忽，却幸好遇上您这好人，两万酬金，请务必收下！"龚德银连连摇头，坚决不肯收下。此事后来传开了，经《华商报》等媒体报道，龚德银成了当年感动全中国的一位人物。

积德银拾金

诚 信 无 欺

【周幽王失信而国亡】

东周时期的周幽王，姓姬，名宫涅，周宣王之子，西周第十二代君王，在位11年，死后谥号幽王。他贪婪腐败，更以烽火戏诸侯，失信于人而被后人耻笑。

　　周幽王新得到了一个宠妃叫褒姒，美丽无比，但她总是愁眉不展。纵然送上千金，也难买得美人一笑。周幽王十分沮丧，忽然心生一计，为博取她的一笑，下令在都城附近20多座烽火台上点起烽火——烽火是边关报警的信号，只有在外敌入侵需召诸侯来救援的时候才能点燃。诸侯们见到烽火，数路兵马连夜匆匆赶到。周幽王解释说："京城其实并无战事。只是看看诸位是否听从我的命令。"诸侯们面面相觑，随后议论开了，顿时像炸开了锅，闹哄哄一片，后来弄明白了，居然是君王为博得宠妃一笑的花招，无不义愤填膺而离去。

　　这时，褒姒看到平日威武的诸侯们个个尴尬非常，然后气恼地走了，不仅毫无内疚之意，反而开心一笑。周幽王看到褒姒转愁为乐，这才乐得开怀大笑。

　　五年后，西夷太戎大举攻打周室。周幽王又下令边关点燃了烽火，等待诸侯救援，但诸侯一个也未到，谁也不愿再上第二次当了。城被攻下，幽王被逼自刎，而褒姒也被俘虏了，国家因此灭亡。

【和氏璧的真伪】

和氏璧，是中国历史上著名的美玉。在它流传的数百年间，被奉为"无价之宝""天下所共传之宝"。春秋战国之际，几经流转，最后归秦，由秦始皇制成玉玺。秦灭后，此玉玺归于汉刘邦。入唐后不知所终。它的得名与琢玉能手卞和有关。有一感人的故事，最早见于《韩非子》《新序》等书。

　　春秋时期，楚国人卞和在荆山里发现一块璞玉。卞和知道此玉的宝贵，以此进献楚厉王。通过几道关卡，经武士检查后，他高高兴兴地进入宫殿，在阶下请大臣转送此璞玉致厉王案前，满以为能得到奖赏，楚厉王命玉工查看，玉工说："这只不过是一块石头，无足贵重。"厉王大怒，以欺君之罪砍下卞和的左脚。从此卞和成了残疾人。

　　厉王死，楚武王即位，卞和以为楚武王能识真伪。又在家人的搀扶下，再次捧着这块璞玉去见武王。武王又命玉工查看，玉工仍然说只是一块普通不过的石头。武王认为卞和欺骗了他，又下令砍去其右脚。

　　武王死，文王即位，卞和抱着璞玉在楚山下痛哭了三天三夜，哭干了眼泪后又流血。文王得知后，派人去询问为何。卞和抽泣着说："我并不是哭我被砍去了双脚，而是哭宝玉被当成了石头，忠贞之人被当成了欺君之徒，无罪而受此刑辱。"于是，楚文王命人剖开这块璞玉，晶莹剔透，真是稀世之玉，于是命名为和氏璧。

卞和献玉

【 曾子杀猪 】

曾子（前 505 — 前 436），姓曾，名参，字子舆，春秋末年鲁国南武城（今山东省平邑县人）。十六岁拜孔子为师，他勤奋好学，颇得孔子真传。积极推行儒家主张，传播儒家思想。孔子的孙子孔汲（子思）师从曾参，又传授给孟子。曾参上承孔子之道，下启思孟学派，对孔子的儒学学派思想既有继承，又有发展和建树。他的"修齐治平"的政治观，省身、慎独的修养观，以孝为本、孝道为先的孝道观影响了中国两千多年，至今仍具有极其宝贵的社会意义和实用价值，是当今建立和谐社会的丰富思想道德营养。曾参与孔子、孟子、颜子（颜回）、子思比肩共称为五大圣人。

曾子性情沉静，举止稳重，为人谨慎，待人谦恭。曾提出"吾日三省吾身"（《论语·学而》）的修养方法，即"为人谋而不忠乎？与朋友交而不信乎？传不习乎？"曾子杀猪取信于子的教子故事，在我国广为流传。

有一天，曾子的夫人到集市上去购物，她的儿子哭着闹着也要跟着去。母亲对儿子说："你不要跟我去，等我回来杀猪给你吃。"孩儿这才止住了哭闹。

半晌之后，曾子的夫人从集市上回来了，曾子就立即叫来人，要去猪栏杀猪。夫人大惊失色，阻止他说："我不过是和孩子开玩笑罢了，你居然信以为真了。"曾子正色厉声说道："小孩是不能和他开玩笑的啊！小孩子没有思考和判断能力，等着父母去教他，听从父母的教导。今天你欺骗孩子，就是在教他欺骗别人。母亲欺骗了孩子，孩子就不会相信他的母亲，这不是用来教育孩子成为正人君子的方法。"曾夫人明白了道理，于是同意了曾子杀猪煮肉给孩子吃。

曾子深深懂得，诚实守信、说话算话是做人的基本准则，若失言不杀猪，那么家中的猪保住了，但对日后孩子成长不利。曾子用自己的行动教育孩子要言而有信，诚实待人。曾子的这种行为说明，成人的言行对孩子影响很大。

【晏殊信誉的树立】

> 晏殊，字同叔，抚州临川人，是宋代著名的婉约派词人，主要作品有《珠玉词》。晏殊与其第七子晏几道，在当时北宋词坛上，被称为"大晏""小晏"；与欧阳修并称"晏欧"。

晏殊从小聪明好学，5岁能诗，7岁能文。才思敏捷，出口成章，有神童之称，且以诚实著称。景德元年（1004），江南安抚使张知白闻知，极力举荐他进京。次年，14岁的晏殊与来自全国各地的千名考生同时入殿参加由皇帝主持的考试，从容应试，援笔立成，受到真宗的嘉赏，赐同进士出身。复试赋时，他看到题目后奏道：此赋题自己在十天前练习过，请求另改其他试题。其诚实与才华，更受到真宗的赞赏。

晏殊被授为秘书省正字（古代的官职），留秘阁读书深造。他学习勤奋，交游有道，深得直史馆兼崇文院检讨陈彭年的器重。大中祥符元年（1008）任光禄寺丞；次年，召试学士院，为集贤校理。天禧四年（1020），为翰林学士。其学识渊博，为人笃实可靠，真宗每遇疑难事，常以方寸小纸细书向其咨询。他也将自己的答奏缜密封呈，多获真宗采纳，被倚为股肱之臣。

晏殊在朝廷任职时，正值天下太平。每逢休沐（古代官员假日）时，京城的大小官员便到郊外游玩，或在城内的酒楼茶馆举行各种宴会，唯有晏殊在家里和兄弟们读书文章。

有一天，真宗提升晏殊为辅佐太子读书的东宫官。大臣们惊讶异常，不明白真宗为何做出这样的决定。真宗说："近来群臣经常游玩饮宴，只有晏殊闭门读书，如此自重谨慎，正是东宫官合适的人选。"晏殊谢恩后说："我其实也是个喜欢游玩饮宴的人，只是家贫而已。若我有钱，或许也参与了宴游。"这两件事，使晏殊在群臣面前树立起了信誉，而宋真宗也更加信任他了。

明道元年（1032），晏殊升任参知政事加尚书左丞。庆历二年（1042）以枢密使加平章事。次年晋升中书门下平章事，集贤殿学士兼枢密使。虽多年身居要位，仍平易近人。他唯贤是举，范仲淹、孔道辅、王安石等均出自其门下；韩琦、富弼、欧阳修等皆经他栽培、荐引，都得到重用。韩琦连任仁宗、英宗、神宗三朝宰相；富弼身为晏殊女婿，但他举贤不避亲，晏殊为宰相时，富弼为枢密副使，后官拜宰相。

晏殊奏请改题

【济阳商人失信亡命】

失信于人，虽然可以欺得一时，终究难以立足长久。

元代济阳有个商人，运了一批货物，在过河时船沉了，他抓住一根大麻杆大声呼救。有个渔夫闻声而致，商人急忙喊叫说："我是济阳最大的富翁，你若能救我，给你一百两金子。"

待被救上岸后，商人却舍不得一百两金，只给了渔夫十两金子。渔夫责怪他不守信，出尔反尔。富翁说："你一个打鱼的，一生都挣不了几个钱，突然得十两金子还不满足吗？"渔夫只得怏怏而去。未曾料想到，后来那富翁又一次在原地翻船了。有人欲救，那个曾被他骗过的渔夫说："他就是那个说话不算数的人！"于是商人淹死了。

这个商人两次翻船而遇到同一渔夫是偶然的，但他不得好报却是在意料之中的。因为一个人若不守信，便会失去别人对他的信任。所以，一旦他处于困境，便没有人再愿意出手相救。失信于人，一旦遭难，只有坐以待毙。

【蔡璘坚持归还亡友钱财】

明代江苏吴县有个人名叫蔡璘，一向信守诺言，重视朋友之间的情谊。

　　蔡璘有一个朋友，因为要出远门，便寄放了一千两白银在他家里，没有立下任何字据。

　　一年后，他的朋友患急病去世了。蔡璘心里很难过，把他朋友的儿子叫来，要把一千两白银还给他。他朋友的儿子当即非常吃惊，不肯接受，说道："我只听说有赖账的事，没有听说过这样的事情，哪有寄放千两白银却不立字据的人？而且我的父亲从来没有告诉过我有这么一回事。"蔡璘笑着说："字据是在心里，不是在纸上。你的父亲把我当知己，所以才未告诉你。"最终，蔡璘还是用车子把千两白银运送还给他家。朋友的儿子感动得流下了眼泪。

　　蔡璘讲信义，不但对世人负责，对已故者也同样重信义，这位朋友也可说是有眼力了。

【卖酒掺水的故事】

　　以诚信经商，取之有道，方能行之久远。假冒伪劣产品，虽获利于一时，坑害众人，终究以惨败告终。

　　民间流传着这样一个故事，说的是有一个卖酒的老翁，在一条小街上卖了数十年的酒，由于货真价实，童叟无欺，生意红火。后来儿媳便常到店中帮公公做买卖。

　　有一天，老翁出远门办事，让儿媳暂且照管店铺。顾客盈门，还没到中午，一坛酒就快卖完了。儿媳着急了，担心酒不够，又想："在酒中掺一些水，不是就可以多卖点钱了吗？"于是趁人不注意，便往坛子里加了一些水，一坛加水的酒仍然不到晚上就卖完了，并且还多卖得一些钱，儿媳不由得有些扬扬得意。

　　老翁回来后，得知此事，气得直拍胸脯，口中说："完了，完了，彻底完了。"儿媳不解地说："我这不是增加了收入吗？"老翁告诉她说："一个生意人最重要的是讲究诚信，我几十年没要过一分黑心钱，如今全败在你手里了。"果然，不久店门就关闭了。

图书在版编目（CIP）数据

百家规：名人家规家训故事. 品行典范 / 胡迎建主编. -- 南昌：江西美术出版社, 2019.4（2020.5重印）

ISBN 978-7-5480-7075-7

Ⅰ.①百… Ⅱ.①胡… Ⅲ.①家庭道德－中国－青少年读物 Ⅳ.①B823.1-49

中国版本图书馆CIP数据核字(2019)第066460号

编　　著 \ 胡迎建

绘　　画 \ 朱玉平

责任编辑 \ 李　佳　邓知劼

责任印制 \ 谭　勋

书籍设计 \ 郭　阳

出　　版 \ 江西美术出版社

社　　址 \ 南昌市子安路66号

邮　　编 \ 330025

电　　话 \ 0791-86566241

网　　址 \ www.jxfinearts.com

经　　销 \ 全国新华书店

印　　刷 \ 三河市兴国印务有限公司

版　　次 \ 2019年4月第1版

印　　次 \ 2020年5月第4次印刷

开　　本 \ 787×1092 1/16

印　　张 \ 6

ISBN 978-7-5480-7075-7

定　　价 \ 39.80元